Кассио Назарено Силва да Силва
Карла Батиста
Катиа Флавия Фернандес

Удаление лактозы с помощью лектина из семян папайи

AF144336

Кассио Назарено Силва да Силва
Карла Батиста
Катиа Флавия Фернандес

Удаление лактозы с помощью лектина из семян папайи

Биохимический подход

ScienciaScripts

Imprint

Any brand names and product names mentioned in this book are subject to trademark, brand or patent protection and are trademarks or registered trademarks of their respective holders. The use of brand names, product names, common names, trade names, product descriptions etc. even without a particular marking in this work is in no way to be construed to mean that such names may be regarded as unrestricted in respect of trademark and brand protection legislation and could thus be used by anyone.

Cover image: www.ingimage.com

This book is a translation from the original published under ISBN 978-620-2-04658-9.

Publisher:
Sciencia Scripts
is a trademark of
Dodo Books Indian Ocean Ltd. and OmniScriptum S.R.L publishing group

120 High Road, East Finchley, London, N2 9ED, United Kingdom
Str. Armeneasca 28/1, office 1, Chisinau MD-2012, Republic of Moldova, Europe
Printed at: see last page
ISBN: 978-620-7-23372-4

СОДЕРЖАНИЕ

1 ВВЕДЕНИЕ

1.1 ОБЩИЕ СООБРАЖЕНИЯ

Бразилия занимает пятое место в мире по производству бычьего молока с объемом производства около 34,6 млн тонн в 2017 году, опережая Европейский союз (152,0), Соединенные Штаты (96,3), Индию (68,0) и Китай (35,7). В период с 2011 по 2015 год производство молока росло в среднем на 2,2 % в год, увеличившись с 32 млрд литров до 35 млрд литров, превратив страну из традиционного импортера в экспортера молочной продукции (CONAB 2017).

Молочное производство также играет важную социальную роль, особенно в плане создания рабочих мест. На различных этапах цепочки производства молока занято около 5 миллионов человек. В секторах производства, индустриализации и транспорта занято наибольшее число работников частного сектора в Бразилии. На более чем миллионе молочных ферм непосредственно занято 4,8 миллиона человек. В секторах индустриализации и транспортировки создается более 150 000 рабочих мест на более чем 2000 молочных заводах, инспектируемых федеральными органами (MAPA 2017, Silva, Silva et al. 2017). Это влияние превышает влияние таких важных секторов, как строительство, сталелитейная, текстильная и автомобильная промышленность.

В Бразилии молочная промышленность очень выразительна, с высоким уровнем технологического развития, что можно продемонстрировать широким разнообразием молочных продуктов на рынке, таких как йогурты и молочные напитки в целом, сыры, сливки, сладости и др.

Молоко - это сочетание различных твердых элементов в воде. Твердые элементы составляют примерно 12-13 процентов молока, а вода - около 87 процентов. Основными твердыми элементами в молоке являются липиды, углеводы, белки, минеральные соли и витамины, как показано в таблице 1.

Таблица 1. Состав молока различных видов (Wattiaux 2013).

Питательные вещества	Человек	Корова	Bùfala
Вода (г/100 г)	87,5	88,0	84,0
Минералы (г/100 г)	0,7	0,2	0,8
Протеин (г/100 г)	1,0	3,2	3,7
Жир (г/100 г)	4,4	3,4	6,9
Лактоза (г/100 г)	6,9	4,7	5,2
Энергия (ккал)	70,0	61,0	97,0

Вода - это компонент, который содержится в молоке в наибольшем количестве, а остальные компоненты растворены, взвешены или эмульгированы. Жир - компонент, придающий молоку желтоватый цвет и являющийся одним из самых богатых компонентов молока.

Белки придают молоку непрозрачный беловатый цвет. Белки молока легко узнать, потому что они являются основными компонентами белой массы, образующейся при свертывании молока и при изготовлении сыра. Молочные белки состоят из казеина, альбумина и глобулина. Казеин образуется в виде коллоидного раствора и составляет большую часть азотистых веществ в молоке. Это один из самых полезных компонентов молока. Сам казеин получают путем естественного осаждения молока, молочнокислого брожения и коагуляции с помощью творога (ферментов) и кислот, молочнокислого брожения (Wattiaux 2013).

Минеральные соли, присутствующие в молоке, представлены в основном фосфатами, цитратами, карбонатом натрия, кальцием, калием и магнием. Физиологическое действие различных солей в молоке очень важно, особенно фосфата кальция, который участвует в формировании костей и зубов. Молоко также является важным источником витаминов, необходимых организму.

Основной углевод в молоке - лактоза, вырабатываемая эпителиальными клетками молочной железы. Этот дисахарид является основным источником энергии для новорожденных детей. Помимо лактозы, в молоке содержатся и другие углеводы, такие как глюкоза и галактоза, но в небольших количествах. Лактоза составляет около 52 % от общего количества твердых веществ в обезжиренном молоке и 70 % от общего количества твердых веществ в сыворотке. Концентрация лактозы в молоке составляет около 5 % (от 4,7 до 5,2 %). Это один из самых стабильных элементов в молоке, т.е. менее подверженный колебаниям концентрации.

В промышленности наибольшее значение имеет ферментация лактозы под действием микроорганизмов. Большое количество микроорганизмов превращает лактозу в молочную кислоту в соотношении: одна молекула лактозы превращается в четыре молекулы молочной кислоты.

Естественное подкисление - обычное явление в молоке. Во многих случаях ферментация лактозы с подкислением молока - это правильно контролируемое и управляемое явление, которое используется в молочной промышленности для производства различных продуктов из молока: йогурта, ацидофильного молока, сыров, творога, молочной кислоты и казеинов.

Лактоза используется в пищевых и фармацевтических продуктах, таких как детские смеси, хлебобулочные и кондитерские изделия, корма для животных, промышленные ферменты, некоторые зерновые смеси, супы, утренние напитки, маргарин, салатные заправки, сладости и смеси для блинов, а также используется в качестве вспомогательных веществ в некоторых фармацевтических препаратах и при приготовлении подсластителей (Nath, Verasztó et al. 2016).

Лактоза имеет ту же молекулярную массу, что и сахароза, но отличается от нее по химическому составу, подслащивающей способности, растворимости и редуцирующей способности. Лактоза примерно в десять раз менее растворима, чем сахароза (Faedo, Briâo et al. 2013). Эта особенность может привести к кристаллизации и, как следствие, к технологическим проблемам при переработке некоторых продуктов в молочной промышленности.

В пищевых продуктах, таких как сгущенное молоко, которое получают путем частичного удаления воды, входящей в состав молока (цельного, полуобезжиренного или обезжиренного), подвергают тепловой обработке при пастеризации и консервируют путем добавления сахарозы, вода в сгущенном молоке может удерживать только половину лактозы в растворенном состоянии, а остальная часть выпадает в осадок. Если выпадение осадка не контролируется, это приводит к образованию плотных кристаллов лактозы, придающих молоку песочный вкус.

Многие люди жалуются на проблемы с желудочно-кишечным трактом при употреблении молока. Это связано с отсутствием или недостатком фермента β(1→4) галактозидазы или β-D-галактозидазы галактогидролазы (ЕС 3.2.1.23), широко известного как лактаза (Adhikari, Dooley et al. 2010). Этот фермент отвечает за расщепление лактозы на две более мелкие молекулы - глюкозу и галактозу (рис. 1), которые легко всасываются энтероцитами и затем попадают в кровь.

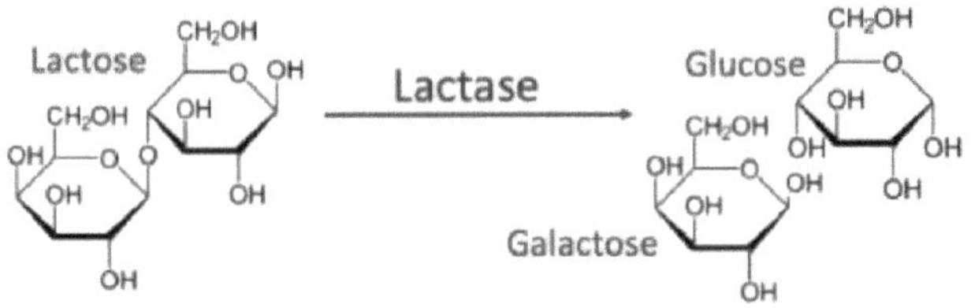

Рисунок 1. Реакция гидролиза лактозы β(1→4) галактозидазой (лактазой).

Более 50 % населения Земли страдают непереносимостью лактозы, которая является одним из самых распространенных генетических нарушений, связанных с метаболизмом этого дисахарида (Adhikari, Dooley et al. 2010, Vieira, Lima et al. 2013). В Бразилии 58 миллионов человек испытывают определенные трудности с перевариванием лактозы из-за дефицита фермента лактазы в кишечнике. Существует три типа непереносимости лактозы, которые возникают в результате различных процессов. К ним относятся

1) врожденный дефицит ферментов;

2) ферментативное снижение при заболеваниях кишечника;

3) первичный или онтогенетический дефицит.

Первый тип - это очень редкий генетический дефект, при котором ребенок рождается без способности вырабатывать лактазу. Поскольку грудное молоко содержит лактозу, ребенок заболевает вскоре после рождения. Второй тип довольно часто встречается у детей первого года жизни и возникает из-за постоянной диареи, поскольку клетки слизистой оболочки кишечника, в которых вырабатывается лактаза, погибают. В результате у человека возникает временный дефицит лактазы до тех пор, пока эти клетки не восполнятся. По статистике, третий тип наиболее распространен среди населения. С возрастом наблюдается естественная тенденция к снижению выработки лактазы (Sudsa-ard, Kijboonchoo et al. 2014, Timson 2016).

Наиболее распространенные симптомы непереносимости лактозы - тошнота, боль в животе, кислая и обильная диарея, газы и дискомфорт. Степень выраженности симптомов зависит от количества принятой пищи и от того, какое количество лактозы может переносить каждый человек. Во многих случаях может наблюдаться только боль и/или вздутие живота, без диареи. Симптомы могут проявляться от нескольких минут до многих часов. Перистальтика, то есть мышечные движения, которые продвигают пищу по желудку, может влиять на время появления симптомов. Хотя эти проблемы не опасны, они могут доставлять дискомфорт (Ruiz-Matute, Corto-Martinez et al. 2012, Li, Wang et al. 2013).

В такой ситуации людям с любым типом непереносимости лактозы рекомендуется избегать употребления молока и его производных. Однако в этом случае они упускают все преимущества этого продукта питания для здоровья человека. Поэтому возникла необходимость в разработке технологий приготовления молока без этого дисахарида. Молоко с низким содержанием лактозы может быть приготовлено путем ее физического удаления или ферментативного гидролиза с образованием глюкозы и галактозы.

Гидролиз лактозы выгоден для пищевой промышленности, поскольку позволяет разрабатывать новые продукты без лактозы в составе. Однако проблемы, связанные с этой технологией, связаны с повышением гликемической ценности молока, что в итоге требует включения в процесс еще одной стадии, чтобы снизить концентрацию глюкозы. Кроме того, пациенты с галактоземией не способны метаболизировать моносахарид галактозу, и этот моносахарид также необходимо удалять из препаратов (Timson 2016).

Мембранная фильтрация широко используется в молочной промышленности, что делает ее важной частью производственного процесса. В этом процессе эффективность фильтрации зависит от размера пор, и из молока часто удаляются другие питательные вещества, кроме лактозы. В связи с этим необходимо изучить технические решения, чтобы потребители с непереносимостью лактозы имели возможность употреблять молоко, не отказываясь от этого продукта с большой питательной ценностью.

1.2 ЛЕКТИНЫ

Изучение лектинов началось в прошлом веке с открытия того, что экстракты некоторых растений способны агглютинировать красные кровяные тельца и являются токсичными для людей и животных. С тех пор было сделано множество открытий о функциях и применении этих белков. Лектины - это белки неиммунного происхождения, способные специфически распознавать и обратимо связываться с углеводами или углеводсодержащими соединениями. Они также обладают свойством агглютинировать клетки (Liu, Zhao et al. 2008, Wu, Wang et al. 2016).

Лектины растений определяются как белки, имеющие по крайней мере один некатализируемый домен, который обратимо связывается со специфическими моно- или олигосахаридами (Wu, Wang et al. 2016). Основной функцией лектинов, по-видимому, является распознавание клеток. Изначально, около 1960 года, когда были проведены первые исследования лектинов, они считались важным средством изучения структуры и функции углеводных комплексов, особенно гликопротеинов, и выявления изменений, происходящих на поверхности клеток во время патологических и физиологических процессов.

В настоящее время лектины стали объектом пристального внимания благодаря их потенциалу для распознавания клеток в различных биологических процессах, а именно: в выведении гликопротеинов из кровеносной системы, внутриклеточном контроле транспорта гликопротеинов, адгезии инфекционных агентов к клеткам хозяина, привлечении лейкоцитов к очагам воспаления, а также в клеточных взаимодействиях в иммунной системе в случае метастазов и злокачественных опухолей (Rahman, Karsani et al. 2002, Han, Liu et al. 2005, Medeiros, Medeiros et al. 2010, Carrasco-Castilla, Hernàndez- Alvarez et al. 2012, Wu, Wang et al. 2016).

Для классификации лектинов использовались различные критерии, включая специфичность к углеводам, эволюционные связи и сходство в аминокислотной последовательности и трехмерной структуре (Pinedo,

Orts et al. 2015). Кроме того, в суперсемейство лектинов входят белки, имеющие один или разное количество углевод-связывающих доменов. Исходя из различий в углевод-связывающих доменах, лектины можно разделить на 4 основные группы: меролектины, гололектины, суперлектины и хемолектины (Velasques, Cardoso et al. 2017).

Меролектины - это небольшие белки, которые имеют только один углевод-связывающий домен и не способны осаждать гликоконъюгаты или агглютинировать клетки. К гололектинам относятся все лектины с несколькими сайтами связывания, способные связывать клетки и осаждать гликоконъюгаты. Большинство известных растительных лектинов являются гололектинами. Суперлектины имеют два или более углевод-связывающих доменов. Хемолектины, помимо одного или нескольких углеводсвязывающих доменов, имеют и другие домены с четко выраженной каталитической или иной биологической активностью. В зависимости от количества углеводсвязывающих участков хемолектины ведут себя как меролектины или гололектины (Peumans and Van-Damme 1995, Pinedo, Orts et al. 2015, Velasques, Cardoso et al. 2017).

Лектины широко распространены в природе и встречаются в самых разных классах живых существ, включая растения, водоросли, грибы, животных (позвоночных и беспозвоночных), микроорганизмы и вирусы (Pineau, Pousset et al. 1990, Sampaio, Rogers et al. 1998, Souza, Amâncio-Pereira et al. 2005, Liu, Zhao et al. 2008, Datta, Pohlentz et al. 2016, Gardères, Domart- Coulon et al. 2016, Singh, Walia et al. 2017).

Как разнообразная группа белков, лектины имеют широкий спектр применения, включая определение наличия углеводов в биополимерах или гликоконъюгатах; аффинную хроматографию для выделения гормонов, нейротрансмиттеров, иммуноглобулинов и родственных соединений; исследования, связанные с химической структурой биологических мембран; вклад в выяснение структурных изменений углеводов клеточной поверхности при злокачественных трансформациях; идентификация опухолевых клеток; вклад в выяснение химической структуры детерминант группы крови ABO, а также подгрупп и использование в микробиологии и паразитологии в качестве инструмента для распознавания клеток и диагностики (Miranda-Santos, Delgado et al. 1991, Rahman, Karsani et al. 2002, Carrasco- Castilla, Hernàndez-Alvarez et al. 2012, Wu, Wang et al. 2016, Singh, Walia et al. 2017).

Как правило, лектины состоят из двух или четырех субъединиц. Часто они состоят из одной полипептидной цепи, как, например, у *Canavalia ensiformis*, *Dioclea grandiflora*, *Cratylia floribunda,* но встречаются и лектины с субъединицами, состоящими из двух полипептидных цепей, как, например, лектины из трибы Vicieae (*Pisum sativum*, *Lens culinaris*). Тримерные и тетрамерные растительные лектины встречаются реже, но тоже были описаны (Muller, Conrad et al. 1983, Pratap, Arochia et al. 2002).

Лектины обратимо связываются с моносахаридами и олигосахаридами с высокой специфичностью. Исходя из их специфичности к моносахаридам, лектины можно разделить на пять групп: манноза (Man), галактоза (Gal)/*N-ацетилгалактозамин* (GalNac), N-ацетилглюкозамин (GlcNac), фукоза (Fuc) и N-ацетилнейраминовая кислота. Сродство лектинов к моносахаридам обычно слабое, с очень низкими константами ассоциации, порядка миллимоляра, но в целом они демонстрируют высокую селективность. Кроме того, некоторые лектины, принадлежащие к одной группе специфичности, предпочтительно соединяются с альфа- или бета-гликозидами соответствующего моносахарида, в то время как другие не проявляют аномерной специфичности (Lis and Sharon 1998).

Классификация лектинов по их специфичности к моносахаридам

скрывает тот факт, что они часто проявляют избирательную специфичность к ди-, три- и тетрасахаридам, причем константы ассоциации в тысячу раз выше, чем для моносахаридов, и что некоторые лектины взаимодействуют только с олигосахаридами. В таких соединениях моносахарид, для которого специфичен лектин, чаще всего присутствует на восстановительном конце, но описаны лектины, распознающие углеводы, расположенные внутри олигосахаридной цепи (Lis and Sharon 1998).

Сродство иектинов к олигосахаридам может зависеть от формы олигосахаридов, которые представляют собой гибкие молекулы, способные вращаться вокруг гликозидных связей, соединяющих отдельные моносахариды. Места связывания лектинов имеют форму углублений на поверхности белка. Лектины соединяются с углеводами через сеть водородных связей и гидрофобных взаимодействий. Водородные связи образуются между гидроксильными и аминогруппами углевода и атомами кислорода белка. Хотя углеводы являются сильно полярными молекулами, стерическое расположение гидроксильных групп создает гидрофобные полости на поверхности сахара, которые могут образовывать контакты с гидрофобными областями на молекуле белка. Распространенным типом взаимодействия является укладка моносахаридов на боковую цепь ароматических кислот, таких как фенилаланин, тирозин и триптофан.

Благодаря большому разнообразию характеристик, областей применения и биотехнологического потенциала, лектины растений широко изучаются. Перспективным источником этой биомолекулы является мама-кадела (*Brosimum gaudichaudii Trecul*), поскольку она отличается высоким содержанием лектинов в своих семенах, а также предположениями о взаимодействии этого лектина со специфическим углеводом, отличающим его от других лектинов семейства *Moraceae*.

1.3 МАМА-КАДЕЛА (*Brosimum gaudichaudii*)

Растения Серрадо известны как источник соединений, представляющих большой биотехнологический интерес и экономический потенциал, например, для пищевых и лекарственных целей. *Brosimum gaudichaudii* - растение из семейства *Moraceae,* распространенное в бразильском Серрадо, встречающееся в виде больших деревьев, известных в народе как "mamica-de-cadela", "mama-cadela" и "algodâo" (Pozetti 2005).

Семейство *Moraceae* включает 75 родов и 1 550 видов. Большинство родов встречается в тропических регионах. В Бразилии произрастает 28 родов, насчитывающих около 340 видов. Примерами видов, завезенных в Бразилию и хорошо известных населению, являются якира, фрута-пау (*Artocarpus spp.*); фиговое дерево, гамлейра, мата-пау (*Ficus* spp.); тутовое дерево (*Morus spp.*) и мама-кадела (*Brosimum gaudichaudii*).

Плоды кадели желто-оранжевые, когда созревают, и съедобны (рис. 2). Кора корня этого растения семейства *Moraceae* используется в народной медицине в виде чая для лечения витилиго (Vilegas and Pozetti 1993, Neves, Ferreira et al. 2002). Химический профиль *B. gaudichaudii* показывает, что химический состав метанольных экстрактов различных частей растения отличается, так что часть растения, содержащая наибольшие концентрации кумаринов (соединений с фотосенсибилизирующей активностью), - это кора корней.

Рисунок 2: Мама-кадела (*Brosimun gaudichaudii*): (a) мясистый псевдоплод; (b) семена.

Растение *Brosimum gaudichaudii* (mama-cadela) встречается в виде кустарника или дерева, достигающего 4 м в высоту; у него скрученные, светящиеся ветви; простые, очередные, твердые листья с коротким черешком, бархатистые с нижней стороны, желтоватые основные жилки на верхней стороне, светящиеся. Растение моноэцично, т.е. имеет однополые цветки на одной особи. Цветки желтовато-зеленого цвета, мелкие, сгруппированы на конце цветоносов, которые свисают вниз из пазух листьев, что особенно характерно для данного вида; плоды - друпы, состоящие из развития и слияния завязей нескольких маленьких цветков, оранжевого цвета, до 3 см в диаметре, съедобные в свежем виде или в виде мороженого и конфет; они маленькие, прикреплены к мясистому стеблю, образуя шаровидную структуру (рис. 2). Это дикий вид, размножается семенами и плодоносит с сентября по ноябрь.

1.4 ИММОБИЛИЗАЦИЯ БИОМОЛЕКУЛ

Первое сообщение об иммобилизации белков было сделано в 1916 году Нельсоном и Гриффином. В этой работе авторы сообщили об адсорбции инвертазы на активированном угле, продемонстрировав, что иммобилизованный фермент сохраняет свою активность (Chibata, Tosa et al. 1978).

Одно из самых больших преимуществ, получаемых в процессе иммобилизации, связано с возможностью повышения стабильности белкового препарата, который теперь проявляет различную степень устойчивости к термической денатурации, экстремальным значениям pH и химическим агентам, что расширяет спектр его действия в условиях реакции (Kang, Kim et al. 1997, Askoy, Tumturk et al. 1998).

Иммобилизация также снижает эксплуатационные расходы, поскольку иммобилизованный биологический материал может быть повторно использован в нескольких циклах. Кроме того, иммобилизованные биомолекулы позволяют прервать ход реакции в нужный момент, что дает альтернативу для получения новых продуктов, повышения степени конверсии процесса, а также точного контроля качества. Эти преимущества не всегда можно получить при использовании свободной биомолекулы (Askoy, Tumturk et al. 1998).

В литературе описано множество методов иммобилизации. Выбор метода иммобилизации очень важен для успеха процесса, поэтому он должен быть тщательным. Необходимо знать характеристики метода, его преимущества и ограничения по сравнению с другими существующими вариантами (Fernandes, Lima et al. 2010).

Что касается белка, то необходимо учитывать химическую природу реакционных групп, которые могут участвовать в реакции иммобилизации, стоимость, химическую и физическую стабильность реагентов и белка, а также условия работы, в которых будет действовать белок. Поэтому выбор метода должен быть основан на совместном анализе научных, инженерных и экономических аспектов процесса (Kennedy and White 1985, Fernandes, Lima et al. 2010).

Согласно Кеннеди и Уайту (1985), методы иммобилизации

классифицируются по характеру взаимодействия, ответственного за иммобилизацию, и природе используемой опоры (рис. 3). В рамках этой классификации термин "растворимые ферменты" относится к методам, в которых фермент остается в той же фазе, что и субстраты и продукты реакции. С другой стороны, термин "нерастворимые ферменты" относится к тем, которые после иммобилизации в твердом материале переходят в фазу, отличную от фазы реакционной среды, которая обычно является жидкой.

Среди представленных методов наиболее широко использован и исследован метод, использующий ковалентное связывание белка с опорой. Несмотря на то что этот метод иммобилизации включает большее количество реакционных стадий, полученные белковые препараты отличаются высокой стабильностью. Это объясняется тем, что связь между белком и опорой прочна настолько, что только очень резкие изменения в реакционной среде способны разрушить эту связь, поэтому полученная стабильность позволяет использовать белок в течение нескольких циклов (Fernandes, Lima et al. 2010).

Рисунок 3 - Классификация методов иммобилизации согласно Kennedy and White (1985).

1.5 ОПОРЫ ДЛЯ ИММОБИЛИЗАЦИИ

Выбор опоры - очень важный фактор в процессе иммобилизации. Идеальной или универсальной опоры не существует. Прежде всего, необходимо учитывать область применения, а значит, и условия, в которых будет работать комбинация белка и опоры. Поддержки с ограниченной стабильностью при экстремальных значениях pH никогда не могут быть использованы в диапазонах, близких к тем, в которых они становятся чувствительными к деградации.

Для иммобилизации белков используется широкий спектр опор. В зависимости от химической природы их можно разделить на органические и неорганические (Kennedy and White 1985).

Органические опоры широко используются для иммобилизации, в основном благодаря универсальности этих материалов, поскольку они могут принимать участие в большом количестве реакций. С другой стороны, их применение во многих областях ограничено из-за низкой стабильности и подверженности атакам микроорганизмов, особенно если речь идет о природных органических опорах (Kennedy and White, 1985).

Возможность получения материалов с различными морфологическими свойствами и механическим свойством низкой сжимаемости сделала неорганические опоры наиболее популярными для сборки реакторов для промышленного применения. Дополнительным преимуществом таких опор является то, что они не подвержены атакам микроорганизмов.

Иммобилизация белков - интересный инструмент для манипулирования содержанием воды в микросреде. В зависимости от химических характеристик опоры, используемой для иммобилизации, микросреда может варьироваться от полностью гидрофобной до высокой степени гидрофильности. Уровень активности иммобилизованного фермента или белка зависит от его способности действовать при различной степени гидратации, обеспечиваемой полимерной матрицей.

Иммобилизация и белковая инженерия широко известны для обеспечения эффективности или стабильности ферментов и белков в целом в водных и органических средах. Изначально в большинстве процедур иммобилизации использовались полиионные матрицы. Причина этого была в основном прагматичной, так как эти матрицы более гидрофильны, чем другие неионные матрицы. Таким образом, большая степень гидратации делала иммобилизованный фермент более активным. Однако стало очевидно, что ионные взаимодействия между полимером и ионными субстратами оказывают заметное влияние на измерение кинетических параметров фермента (Damodaran 1997).

С другой стороны, матрицы с низкой гидрофильностью стали использоваться для иммобилизации белков, как только стало ясно, что они могут работать в средах с низкой концентрацией воды.

Помимо гидрофильности/гидрофобности микросреды, на активность иммобилизованного белка влияют и другие факторы. Для белка в разбавленном гомогенном растворе события, происходящие вблизи молекулы, одинаковы во всех частях раствора, особенно в тех точках, где эти события измеряются. Для иммобилизованного белка это не обязательно так. Полимерная матрица создает для белка микросреду, которая по многим параметрам (например, pH, концентрация субстрата) может отличаться от растворителя, в котором иммобилизованный белок находится во взвешенном состоянии.

Существует два различных способа, с помощью которых поддержка может влиять на микросреду иммобилизованного белка. Первым можно считать эффект разделения. В силу своей собственной физико-химической природы полимер может притягивать (или отталкивать) субстрат, продукт, ингибитор или другие молекулы к своей поверхности, концентрируя или рассеивая их вблизи белка. Второй способ заключается в том, что полимер может представлять собой барьер для свободной диффузии молекул. Эффекты разделения или ограничения разделения могут присутствовать в иммобилизованной белковой системе по отдельности или вместе, действуя при этом синергически или антагонистически (Trevan 1980).

Характер взаимодействия между полиионной матрицей и ионным растворителем является одним из эффектов разделения. Так, поликатионы притягивают к своей поверхности анионы, а полиионы - катионы. Примером может служить фермент, действующий на катионный субстрат, иммобилизованный полиионной атакой. Положительный субстрат будет концентрироваться вокруг отрицательного полимера. Таким образом, хотя средняя концентрация субстрата в системе может быть низкой, вокруг фермента она будет относительно высокой. Естественно, полимер будет притягивать не только положительно заряженные субстраты, но и любые другие катионы, например протоны. Поэтому можно ожидать, что в этом случае концентрация ионов водорода вокруг фермента будет выше, чем средняя концентрация во всех частях системы. Иначе обстоит дело, когда полимер и растворитель имеют одинаковый заряд.

Существует несколько различных сред для подготовки опоры для иммобилизации белка. Различные функциональные группы могут быть введены в поверхность опоры в соответствии с реагентом, выбранным для удовлетворения функциональных и кинетических особенностей белка, чтобы создать микросреду, благоприятную для биопроцесса, развиваемого иммобилизованным белком.

Белки ковалентно связываются с различными опорами, в основном с нерастворимыми в воде полимерами. В большинстве случаев связь между опорой и белком осуществляется с помощью бифункциональных реагентов, используемых для придания опоре реакционной способности или просто для создания зазора между белком и поверхностью опоры, таких как карбодиимиды, силанизирующие агенты и глутаральдегид. Наиболее часто используется глутаральдегид.

Синтетические и природные полимерные основы были предметом исследований иммобилизации, включая полистирол, хитозан, полианилин (PANI) и композиты (Caramori and Fernandes 2004, Caramori, Faria et al. 2011, Caramori, Fernandes et al. 2012). В самом широком смысле композитный материал можно определить как продукт, в котором два или более элементов объединены в структуру для получения преимуществ и улучшений, которые ни один из компонентов не мог бы обеспечить в отдельности.

Гибридные матрицы отличаются тем, что сочетают в себе физико-химические свойства неорганических и органических материалов, позволяя манипулировать полярностью, ионным зарядом, электропроводностью, пористостью и механическими свойствами в целом, делая приготовленную матрицу подходящей как для биологического агента, так и для предполагаемого применения.

В данном исследовании для иммобилизации иектина из *Brosimum gaudichaudii* были протестированы следующие носители: (1) полианилин, поскольку его легко получить и он удерживает белок, а также является органической опорой; (2) полисилоксан-полианилин-глутаральдегид, поскольку он представляет собой органическо-неорганический гибридный композит и (3) полисилоксан-спирт-поливинил-полианилин-глутаральдегид, также поскольку он сочетает органические и неорганические соединения.

1.5.1 Полианилин - PANI

Термин "полианилин" относится к классу полимеров, состоящих из 1000 или более повторяющихся анилиновых звеньев (рис. 4). Этот материал может быть получен в результате химической или электрохимической полимеризации анилина. Свойства полианилина могут меняться в зависимости от степени окисления и протонирования (Ray, Richter et al. 1989). Состояние окисления полианилина может варьироваться от полностью восстановленного до полностью окисленного полимера.

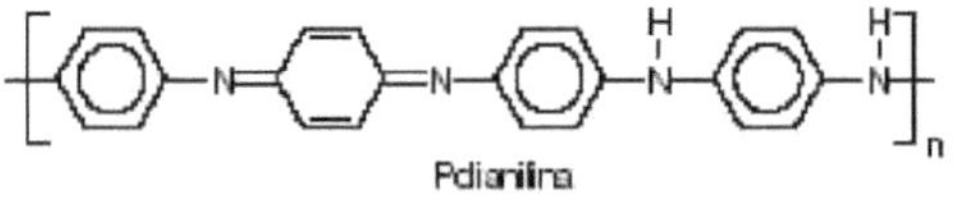

Pdianilina

Figura 4. Базовая структура полианилина

Полианилин - синтетический непористый органический полимер, который привлек внимание научного сообщества благодаря своим химическим свойствам и областям применения, включающим умные окна и линзы, меняющие цвет в зависимости от количества падающего света (фотохромные свойства), прозрачные электроды, сенсоры, а также используемые в качестве поддержки для иммобилизации биомолекул (Fernandes, Lima et al. 2003). Полианилин относится к классу материалов, известных в настоящее время как интеллектуальные полимеры, что способствует его применению в области биохимической инженерии в качестве потенциально привлекательной поддержки для иммобилизации белков.

Среди наиболее интересных свойств ПАНИ - простота процесса синтеза, отличная окислительно-восстановительная способность, оптические, электрические и электрохимические свойства и высокая экологическая стабильность. Дополнительным преимуществом является то, что полианилин очень дешев в синтезе и имеет исключительный выход по сравнению с другими органическими полимерами, используемыми для иммобилизации, а также хорошую способность удерживать белки (Fernandes, Lima et al. 2003).

1.5.2 Полисилоксан - полианилин-глутаральдегид (POS-PANIG)

Органическо-неорганические гибридные соединения - это материалы, которые могут использоваться для различных целей. Структурное разнообразие достигается за счет управления относительной пропорцией между органическим и неорганическим компонентами, уровнем структурной сложности органического компонента и его химической природой, химическим составом молекулы неорганического предшественника и условиями реакции, используемыми для синтеза соединения.

Полисилоксан - важный неорганический полимер для производства биосенсоров благодаря своей физической жесткости, химической инертности, высокой фотохимической и термической стабильности, а также отсутствию набухания в водных и органических растворителях. Его получают путем гидролиза алкоксисилановых прекурсоров и последующей конденсации силанолов с последующей сушкой в атмосферных условиях (рис. 5).

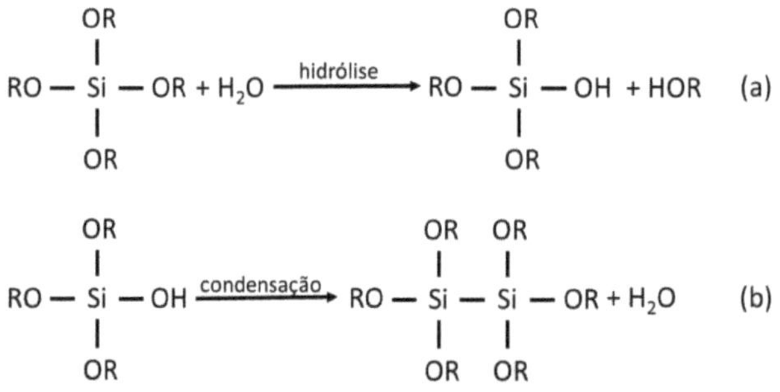

$$RO - \underset{\underset{OR}{|}}{\overset{\overset{OR}{|}}{Si}} - OR + H_2O \xrightarrow{\text{hidrólise}} RO - \underset{\underset{OR}{|}}{\overset{\overset{OR}{|}}{Si}} - OH + HOR \quad (a)$$

$$RO - \underset{\underset{OR}{|}}{\overset{\overset{OR}{|}}{Si}} - OH \xrightarrow{\text{condensação}} RO - \underset{\underset{OR}{|}}{\overset{\overset{OR}{|}}{Si}} - \underset{\underset{OR}{|}}{\overset{\overset{OR}{|}}{Si}} - OR + H_2O \quad (b)$$

Figura 5. Схема получения полисилоксана: (а) гидролиз алкоксисиланов и (б) конденсация силанолов.

Алкоксидный золь-гель процесс - эффективный метод получения кварцевых стекол. При добавлении к материалу химических модификаторов, таких как водорастворимые полимеры, дисперсии металлов и белки, полученный композит становится более гидрофильным. Этот материал обеспечивает биосовместимую микросреду и восприимчивую поверхность для ковалентной иммобилизации. С тех пор как было обнаружено, что активный белок может быть нанесен на золь-гель матрицу без потери активности, золь-гель стекла стали новым классом материалов, хорошо подходящих для иммобилизации биомолекул (Braun, Rappoport et al. 2007). Эти стекла, полученные в результате золь-гель процесса, были использованы в качестве гибридной поддержки с PANI и поливиниловым спиртом (PVA) для иммобилизации белков.

1.5.3 Полисилоксан-спирт-поливинил-полианилин-глутаральдегид (POS-PVA-).

PANIG)

Поливинилацетат (рис. 6) является одним из наиболее изученных полиэфиров с 1924 года, когда Ханел и Херрман создали его. Его получают путем полимеризации винилацетата. Частичный или полный гидролиз этого полимера используется для получения поливинилового

22

спирта. Он был предложен в качестве поддержки для иммобилизации биомолекул, таких как полисилоксан. Его основная структура показана на рисунке 5.

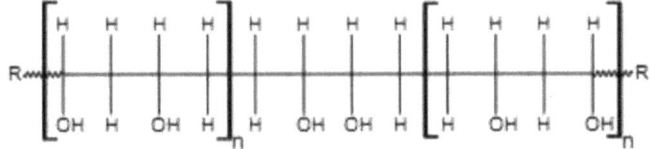

Рисунок 6 - Химическая структура поливинилового спирта

Гибридное соединение POS-PVA было получено путем гидролиза и конденсации тетраэтил ортосиликата (TEOS) в растворе вода/этанол/PVA с концентрацией PVA 2% (w/v) по отношению к TEOS. ПВА добавляли перед полимеризацией полисилоксана, поскольку он способствует упрочнению стекла, улучшая механические свойства (рыхлость) и соотношение гидрофобность/гидрофильность.

Преимуществами этой технологии являются однородность и чистота гелей, а также использование относительно низкой температуры синтеза. Эти преимущества важны для получения твердых, неизменяемых стекол, тонких пленок и оптических волокон. Понимание химических реакций на различных стадиях золь-гель процесса позволяет лучше контролировать процесс и, следовательно, улучшить воспроизводимость конечного продукта.

Сеть POS-PVA-PANIG была предложена в качестве альтернативы для иммобилизации белков, в которой характеристики материалов сочетаются для получения композита с привлекательными свойствами стекла, усиленного поливинилацетатом, и покрытого PANIG, который обладает высокой иммобилизационной способностью.

Учитывая все эти факты, такие как разнообразие областей применения лектинов, преимущества, получаемые в процессах иммобилизации белков, разнообразное использование органических и неорганических носителей для такой иммобилизации; в дополнение к важности бычьего молока как для коммерческих, так и для пищевых целей, а также к проблемам, связанным с лактозой, его основным углеводом, иммобилизация лектинов *Brosimum gaudichaudii* на подходящих опорах оправдана в попытке способствовать удалению лактозы из бычьего молока с целью обеспечения более легкой альтернативы для коммерческого использования этой лактозы с меньшими затратами.

2 ЦЕЛИ

• Выделение и очистка иектинов, присутствующих в семенах собачьей грудки.

• Приготовление подставок для иммобилизации лектина из мамы кадели.

• Иммобилизация лектина.

• Использование иммобилизованного лектина для удаления лактозы из молока.

3 МАТЕРИАЛЫ И МЕТОДЫ

3.1 КОЛЛЕКЦИЯ РАСТЕНИЙ

Спелые плоды *Brosimum gaudichaudii* (мама-кадела) были собраны в муниципалитете Арагоиания, штат Гояс, с полевых растений в регионе Серрадо в период с сентября по ноябрь 2005 года. Плоды хранились при температуре 4° С до дезинфекции.

3.2 ПРИГОТОВЛЕНИЕ МУКИ

Семена *Brosimum gaudichaudii* (мама-кадела) промывали дистиллированной водой и 2% (v/v) гипохлоритом натрия в течение 30 минут. Очищенные семена оставляли сушиться в дезикаторе, после чего измельчали в мелкий порошок, а затем смешивали муку с гексаном для удаления липидной фракции. После полного испарения растворителя муку хранили в герметично закрытых банках при температуре 4 С.°

3.3 ВЫДЕЛЕНИЕ ЛЕКТИНОВ

Для экстракции лектинов использовали три экстрагирующих раствора: (1) 0,15 моль л солевого раствора$^{-1}$; (2) 0,1 моль л глицинового буфера$^{-1}$ pH 2,6; и (3) 0,1 моль л глицинового буфера$^{-1}$ pH 9,0. Экстракцию лектинов проводили путем смешивания 10 г муки со 100 мл каждого экстрагирующего раствора. Смесь инкубировали при 4 °С в течение 60 минут при перемешивании. Затем смесь центрифугировали при 10 000 об/мин в течение 5 минут, а надосадочную жидкость использовали в качестве источника лектина, называемого неочищенным экстрактом (ОЭ). Аликвоты ЭБ использовали для определения концентрации белков и проверки гемагглютинирующей активности.

3.4 ОПРЕДЕЛЕНИЕ БЕЛКА

Уровень белка в различных образцах измеряли по методу Брэдфорда (1976), при этом 100 мкл образца добавляли к 1 мл реактива Брэдфорда. Смесь оставляли стоять при комнатной температуре в течение 10 минут, после чего снимали показания абсорбции при 595 нм на спектрофотометре UV-VIS (Ultrospec 2000, Pharmacia). Концентрацию определяли по стандартной кривой бычьего сывороточного альбумина.

3.5 ОПРЕДЕЛЕНИЕ ГЕМАГГЛЮТИНИРУЮЩЕЙ АКТИВНОСТИ

Гемагглютинирующую активность определяли по методу, описанному Морейрой и Перроне (1977), используя 2% (v/v) суспензию эритроцитов кролика в 0,15 моль л физиологического раствора$^{-1}$ в присутствии и отсутствии кальция ($Ca+2$) и марганца (Mn^{+2}) 5 ммоль л$^{-1}$. Тесты проводили в пробирках.

Дозируемые образцы серийно разводили в 0,15 моль л физиологического раствора$^{-1}$ в присутствии или отсутствии CaCl2 5 ммоль л$^{-1}$ и MnCl2 5 ммоль л$^{-1}$, и 0,2 мл каждого разведения добавляли к равному объему суспензии эритроцитов кролика. Пробирки инкубировали при 37° С в течение 30 минут и оставляли стоять еще на 30 минут при комнатной температуре. Затем материал центрифугировали при 1000 об/мин в течение 30 секунд и считывали невооруженным глазом, а титр выражали в единицах гемагглютинации (HU). Единица гемагглютинации определяется как обратная величина наибольшего разведения данного раствора, который все еще способен агглютинировать суспензию эритроцитов в 2% (v/v).

3.6 ОЧИСТКА ЛЕКТИНОВ

Лектин *Brosimun gaudichaudii* очищали методом размер-экстракционной хроматографии с использованием сефадекса G-75 и защитной колонки XK16/70 (GE Healthcare, Уппсала, Швеция), соединенной с хроматографом AKTA Prime Plus® (GE Healthcare, Уппсала, Швеция). Подвижная фаза состояла из глицинового буфера 0,1 моль L-1 pH 9,0 и проводилась в изократическом режиме при скорости потока 0,5 мл мин$^{-1}$ в течение 120 мин. Максимальное давление на колонку было установлено на уровне 0,5 МПа. Основной пик с гемагглютинирующей активностью (PI) подвергали повторной хроматографии на колонке Sephadex G-50 при тех же условиях работы, что описаны выше.

3.7 ЭЛЕКТРОФОРЕТИЧЕСКИЙ ПРОФИЛЬ

Электрофоретический профиль неочищенного экстракта и хроматографических фракций анализировали методом денатурирующего полиакриламидного гель-электрофореза в соответствии с методикой, описанной Laemmli (1970). Аликвоты, содержащие 40 мкг белка, смешивали с денатурирующим буфером для образцов и нагревали при 100 °C в течение 5 минут. Электрофорез проводили с использованием 5%-ного (w/v) геля-концентратора и разделительного геля, содержащего 12%-ный (w/v) полиакриламид. Электрофорез проводился при фиксированной силе тока 40 мА в течение 3 часов. После завершения работы система была разобрана, а гель окрашен с помощью Comassie Blue.

3.8 ТЕСТ НА ИНГИБИРОВАНИЕ ГЕМАГГЛЮТИНИРУЮЩЕЙ АКТИВНОСТИ САХАРОВ

Для определения специфичности лектина к сахарам использовали 1,0 моль л$^{-1}$ растворов различных углеводов. Из исходного раствора делали серийные разведения с 0,15 моль л солевого раствора$^{-1}$. 0,2 мл каждого разведения сахара добавляли к 0,2 мл неочищенного экстракта (EB) или очищенного лектина, содержащего 2 HU. Пробирки инкубировали при 37° C в течение 30 минут, а затем оставляли стоять еще на 30 минут при комнатной температуре. После этого добавляли 0,4 мл 2%-ной (v/v) суспензии эритроцитов кролика.

Пробирки снова инкубировали при 37°C в течение 30 минут, а затем выдерживали при комнатной температуре еще 30 минут. Затем материал центрифугировали при 1000 об/мин в течение 30 секунд. Специфичность лектина определяли путем сравнения наименьших концентраций различных сахаров, способных полностью подавить гемагглютинирующую активность.

3.9 ВЛИЯНИЕ ЭТИЛЕНОДИАМИНОТРАКТИЧЕСКОЙ КИСЛОТЫ (ЭДТА), КАЛЬЦИЯ (Ca^{2+}) И МАНГАНЕСА (Mn^{2+}) НА АКТИВНОСТЬ ГЕМАГЛЮТИНАНТОВ

Очищенный лектин из *Brosimum gaudichaudii* (бросимин) диализировали в течение 48 ч против 0,2 моль $л^{-1}$ ЭДТА, затем диализировали в течение 24 ч против 0,15 моль л физиологического $раствора^{-1}$. Гемагглютинирующую активность определяли в растворе до и после добавления CaCl2 и MnCl2 (5 ммоль л $)^{-1}$.

3.10 Оценка лактозоудалительной способности лектина из *B. gaudichaudii*

Поскольку результаты ингибирования сахара показали, что лектин связывается с лактозой, были проведены тесты для определения эффективности удаления лактозы неочищенным экстрактом и хроматографическими фракциями. Лактозу измеряли по методу Бернфельда (1955), используя 3,5-динитросалициловую кислоту (ADNS) в качестве цветного реагента и раствор лактозы с концентрацией от 30 до 300 мкг/мл для построения стандартной кривой. Тесты на лектин, присутствующий в неочищенном экстракте (CE) и фракциях, полученных хроматографией, проводились путем добавления дополнительных объемов 50 мкл, 25 мкл и 10 мкл CE к 100 мкл раствора лактозы с концентрацией 120 мкг/мл. Систему инкубировали при 37° C в течение 30 минут, а затем выдерживали при комнатной температуре еще 30 минут. Затем добавили 1 мл ADNS и поместили смесь в водяную баню на 5 минут при температуре 100° C. После охлаждения поглощение образцов определяли при 550 нм в спектрометре UV-VIS (Ultrospec 2000, Pharmacia). Холостые испытания проводились с 50 мкл ЭБ, 50 мкл воды и 1 мл АДНС.

3.11 синтезирующие и активирующие опоры

3.11.1   Полианилин

Полианилин синтезировали по методике, описанной Fernandes et al. (2003), добавляя по объему 0,68 моль л$^{-1}$ раствора окислителя персульфата аммония ($NH_4S_2O_8$) к 0,44 моль л$^{-1}$ раствора анилина ($C_6H_5NH_2$), приготовленного в 2,0 моль л HCl^{-1}, чтобы соблюсти соотношение между окислителем и анилином.

Реакцию полимеризации проводили, добавляя раствор персульфата аммония по каплям к раствору анилина, медленно перемешивая в течение минимум 2 часов, поддерживая температуру растворов в диапазоне от 0 до 5° С. После добавления раствора окислителя смесь оставляли перемешиваться в течение 30 минут, а затем оставляли стоять в течение 2 часов для завершения реакции.

Полученный осадок отделяли от смеси вакуумной фильтрацией на воронке Бюхнера, а затем тщательно промывали 2,0 моль л HCl^{-1}. Наконец, полученный полимер (PANI) сушили в сушильном шкафу под постоянным вакуумом при комнатной температуре до постоянной массы. Полимер пропускали через сито (апертура 0,42 мм) для гомогенизации размера частиц.

ПАНИ активировали реакцией с 2,5% (v/v) глутаральдегида в соотношении 1,0 мл/10 мг в соответствии с методикой, описанной Fernandes et al. (2003). Смесь оставляли для реакции на 2 часа на кипящей водяной бане при перемешивании. Затем активированный полимер тщательно промывали 0,1 моль л фосфатного буфера$^{-1}$, рН 6,0, чтобы удалить весь несвязанный глутаральдегид. Активированный полимер (PANIG) высушивали в дешикаторе под постоянным вакуумом до получения постоянной массы и хранили в герметично закрытом контейнере при комнатной температуре до использования.

3.11.2 Полисилоксан-полианилин (POS-PANIG)

Диски POS-PANIG были приготовлены в соответствии с методиками, описанными Carvalho Jr et al. (1996) и Fernandes et al. (2003), с изменениями. Стекла были получены золь-гель процессом. Сформированные диски оставляли отдыхать на 24 часа при температуре 25° С. После этого они были перенесены в кислый раствор персульфата аммония объемом 0,61 моль л$^{-1}$ и через 30 мин перенесены в раствор анилина объемом 0,44 моль л$^{-1}$, где находились еще 60 мин. Затем диски POS-PANI помещали в контакт с 2,5% (v/v) водным раствором глутаральдегида на 60 минут, а затем тщательно промывали 0,1 моль л натрий-фосфатного буфера$^{-1}$ pH 6,0. Масса каждого диска составляла 15 мг. Полимеризация анилина и образование полианилина сопровождались образованием зеленовато-черного цвета, который наблюдался в сформированных дисках.

3.11.3 Полисилоксан-поливиниловый спирт-полианилин (POS - PVA -PANIG)

Диски POS-PVA готовили по методике, использованной Carvalho Jr et al. (1996) и Fernandes et al. (2003), с изменениями. Водный раствор 2% (в/в) ПВА нагревали до 65° С и после его полного растворения добавляли 1,5 мл водного раствора 2,5% (в/в) глутаральдегида и 1 мл 0,1 моль л HCl^{-1}. Затем содержимое полученного раствора переносили в лунки микропланшетов, содержащих 120 мкл 3,0 моль л HCl^{-1} в пропорции 20 мкл на лунку. Планшеты оставляли отдыхать на 24 часа при температуре 25° С. После этого периода покоя диски ПВА, образовавшиеся в лунках микропланшетов, были перенесены в кислый раствор 0,61 моль л персульфата аммония$^{-1}$ и через 30 мин перенесены в раствор 0,44 моль л анилина$^{-1}$, где оставались еще 60 мин. Затем диски из ПВА-ПАНИ помещали в контакт с 2,5% (v/v) водным раствором глутаральдегида на 60 минут, а затем тщательно промывали 0,1 моль л натрий-фосфатного буфера$^{-1}$ pH 6,0. Масса каждого диска составляла 15 мг. Полимеризация анилина и образование полианилина сопровождались образованием зеленовато-черного цвета, который наблюдался в сформированных дисках.

3.12 ИММОБИЛИЗАЦИЯ ЛЕКТИНОВ

Чтобы определить наиболее эффективный материал для иммобилизации лектина, были проведены испытания с использованием PANIG, POS-PANIG и POS-PVA-PANIG в качестве поддержки. Лектин иммобилизовали путем добавления 1,0 мл неочищенного экстракта к 5,0 мг PANIG или 40 мг POS-PANIG и POS-PVA-PANIG. Смеси перемешивали в течение 2 ч при 4 °C, после чего твердые вещества тщательно промывали 0,15 моль л солевого раствора$^{-1}$ для удаления неиммобилизованного лектина. Полученные комплексы лектин/поддержка были протестированы на удаление лактозы.

3.12.1 Иммобилизация лектина в PANIG

Учитывая, что наилучшей иммобилизационной опорой в данной работе оказался полианилин, условия иммобилизации лектина *B.gaudichaudii* были оптимизированы с помощью Центрального композиционного планирования (22). Для исследования иммобилизации лектина на PANIG были выбраны следующие параметры и уровни: 10, 20 и 30 мг поддержки и время иммобилизации 5, 20 и 35 мин. Кроме того, была добавлена центральная точка (20 мг PANIG и 20 мин), с двумя повторениями (табл. 2). Эффективность иммобилизации определяли с помощью тестов на удаление лактозы.

Результаты центрального композиционного планирования были проанализированы с помощью регрессионного анализа в сочетании с методологией поверхности отклика (RSM) с использованием программного обеспечения Statistica 6.0 (Statsoft Inc., Tulsa, USA, 1997).

Соответствие экспериментальных данных независимым переменным в RSM было представлено полиномиальным уравнением второго порядка:

$$y = \beta_0 + \sum_j \beta_j x_j + \sum_{i \prec j} \beta_{ij} x_i x_j + \sum_j \beta_{jj} x_j^2 + e$$

где y - зависимая переменная, подлежащая моделированию; ∂, β, β_{jij} и β_{11} - коэффициенты регрессии, x_i и $\times_j$ - независимые переменные, а e - ошибка. Модель была упрощена путем удаления условий, которые не были статистически значимыми (p=0,05) после ANOVA.

Таблица 2. Экспериментальный дизайн для иммобилизации лектина на PANIG в соответствии с центральным композиционным планированием 2^2 .

Эссе	ПАНИГ (мг) x_1	Время (мин) x_2	Удаление лактозы (%)
1	10	5	18.2
8	30	20	30.5
3	10	35	17.2
4	20	5	35.8
9 (C)	30	35	30.1
5	20	20	24.9
2	10	20	21.0
7	30	5	30.3
6	20	35	29.1
10 (C)	10	5	18.2

3.12.2 Измерение активности иммобилизованного иектина в удалении

лактоза

Чтобы оценить, влияет ли иммобилизация на эффективность лектина в связывании лактозы, 500 мкл 2 мг мл раствора лактозы$^{-1}$ помещали для реакции с комплексом PANIG-Lectin на 1 ч при 37 °C, при перемешивании. После этого комплекс центрифугировали в течение 5 мин при 14 000 об/мин и определяли количество лактозы, оставшейся в супернатанте, по методу, описанному Бернфельдом (1955). Процент удаления лактозы определяли по разнице между содержанием лактозы до и после контакта с системой PANIG-Lectin.

Дополнительные испытания проводились с обезжиренным молоком в качестве источника лактозы. В этом случае 500 мкл обезжиренного молока, содержащего 650 мкг лактозы, инкубировали с 25 мг PANIG-Lectin при тех же условиях, что описаны выше.

3.12.3   Тесты на восстановление лактозы

Для того чтобы отсоединить лактозу от комплекса полианилин-электин-лактоза (PANIG-lec-lac), были опробованы следующие реагенты:

• Тиомочевина 1,0 моль L^{-1} , мочевина 1,0 моль L^{-1} : сильные каотропные агенты, причем тиомочевина более эффективна, хотя и менее растворима в воде. Каотропные агенты эффективны для разрушения нековалентных взаимодействий путем изменения параметров растворителя.

• Triton X-100 0,2 % (v/v): цвиттерионные детергенты (с нейтральным зарядом жидкости), такие как triton X-100, способны нарушать гидрофобные взаимодействия между аминокислотными остатками с гидрофобными, неполяризованными иатериальными цепями, присутствующими в месте связывания лектина и сахара.

• Натрий-фосфатный буфер 0,1 моль л$^{-1}$ pH 7,5: фосфат натрия - буфер, широко используемый для десорбции молекул, иммобилизованных за счет ионных и электростатических взаимодействий.

• Глициновый буфер 0,1 моль L^{-1} pH 2,6 и Глициновый буфер 0,1 моль L^{-1} pH 9,0: часто используемый в качестве элюента в хроматографических колонках, глицин является элюентным агентом благодаря своей короткой боковой цепи, представленной одним атомом водорода, что дает ему минимальные стерические препятствия между аминокислотами. Наличие полюсов в его альфа-амино и кабоксильных группах предполагает возможность участия этой аминокислоты во взаимодействиях типа водородного мостика.

• Уксусная кислота 1,0 моль $л^{-1}$ pH 2,2: из-за своего кислотного характера уксусная кислота конкурирует с полярными, ионными и водородными мостиковыми взаимодействиями.

• Дитиотреитол (ДТТ) 1 моль $л^{-1}$: ДТТ - сильный восстановитель, способный восстанавливать дисульфидные мостики между остатками цистерн в белках и предотвращать окисление SH (тиоловых) групп.

Реакции проводились путем добавления 1 мл каждого реагента к комплексу PANIG-lec-lac и оставления его для реакции на 24 часа. По истечении этого срока отбирали 100 мкл раствора для определения содержания лактозы (Bernfeld 1955).

3.13 СТАТИСТИЧЕСКИЙ АНАЛИЗ

Все испытания проводились в соответствии с полностью рандомизированной моделью, а результаты выражались как среднее ± стандартное отклонение. Результаты центрального композитного планирования были проанализированы с помощью программы Statistica 6.0 (Statsoft Inc., Талса, США, 1997).

4 Результаты и обсуждение

4.1 ВЫДЕЛЕНИЕ ЛЕКТИНОВ

Растения семейства Moraceae известны как важные источники лектинов. О наличии этих белков сообщалось в семенах *Artocarpus altilis* (Pineau, Pousset et al. 1990), Artocarpus *heterophyllus (Kabir 1995)*, Artocarpus *incisa* (Moreira, Castelo-Branco et al. 1998), *Artocarpus integrifolia (Miranda-Santos, Delgado et al. 1991)* и *Artocarpus integer* (Rahman, Karsani et al. 2002). Однако наличие и характеристики лектинов из *Brosimum gaudichaudii неизвестны*. Как правило, лектины из этого семейства экстрагируются фосфатно-натриевым буфером pH 7,4 или смесью фосфатного буфера и физраствора. Кроме того, сообщалось, что эти лектины имеют сродство к галактозе или производным галактозы в качестве сахарного лиганда.

Таблица 3. Гемагглютинирующая активность сырых экстрактов, приготовленных с использованием различных растворителей.

	Глициновый колпачок pH 2,6	Солевой раствор 0,15 моль л$^{-1}$	Глициновый колпачок pH 9.0
Название (HU мл)$^{-1}$	2560	10280	20560
Концентрация белка (мг г муки$^{-1}$)	$254,2^c \pm 0,3$	$395,8^b \pm 0,7$	$407,0^a \pm 0,2$
Удельная активность (HU мг$^{-1}$ белка)	100.7	259.7	505.2

Данные по концентрации белка выражены как среднее ± стандартное отклонение трех определений. В этой строке данные, сопровождаемые одной и той же буквой, не имеют статистических различий (p=0,05).

В данном исследовании было проверено влияние растворителя на количество лектина, выделенного из *B. gaudichaudii, и* результаты представлены в таблице 3. Как видно, наибольшее количество иектина было извлечено с помощью глицинового буфера pH 9, при этом удельная активность составила 505 $HUmg^{-1}$ белка. Учитывая эти результаты, глициновый буфер pH 9.0 был использован в качестве растворителя для экстракции лектинов.

4.2 СПЕЦИФИЧНОСТЬ САХАРА

Специфичность лектина Brosimum *gaudichaudii* была проверена в отношении сахаров - глюкозы, галактозы, лактозы, фруктозы, мальтозы, сахарозы и ксилозы. Среди протестированных сахаров только лактоза была способна ингибировать гемагглютинирующую активность лектина *в* концентрации 0,05 ммоль L^{-1} .

Все клетки имеют на своей поверхности углеводы в виде гликоконъюгатов или полисахаридов. Эти углеводы служат местами связывания лектинов, которые вызывают в клетках различные изменения, отражающие биологическую активность лектинов.

Лектины из семейства *Moraceae*, например, выделенные из *Artocarpus integrifolia*; Artocarpus *heterophyllus*; *Artocarpus incisa* и *Maclura pomifera,* специфичны для галактозы (Miranda-Santos, Delgado et al. 1991, Kabir 1995, Moreira, Castelo-Branco et al. 1998). Независимо от своей специфичности, лектины связываются с моносахаридами боковыми цепями из неизменных остатков: аспаргиновой кислоты, аспарагина и ароматической аминокислоты (фенилаланина, триптофана или тирозина). Глицин, неизменный в сайте сочетания, участвует в водородном связывании моносахаридов через амиды. Большинство галактозосвязывающих лектинов также взаимодействуют с N-ацетилгалактозамином. Галактозосвязывающие лектины относятся к числу лектинов, представляющих наибольший интерес, поскольку они обладают многими важными биологическими свойствами. Эти лектины обычно выделяют в матрицах, содержащих ковалентно связанную галактозу, путем химического синтеза. Некоторые из них, однако, проявляют аномерную специфичность, связывая только один из аномеров.

Галектины - это семейство, которое преимущественно связывается с лактозой и N-ацетиллактозамином. Связывание углеводов происходит через специфический домен - домен распознавания углеводов (CRD). Они встречаются преимущественно у млекопитающих, но могут быть обнаружены у некоторых позвоночных и беспозвоночных, но не распространены в растениях. В комплексе лектин-лактоза глюкоза участвует в связывании, взаимодействуя с белком через гидроксил 2 и гидроксил 3.

Примером специфичного для лактозы растительного лектина является лектин из бобового растения *Erythrina corallodendron,* который обладает сродством к лактозе благодаря водородной связи между амидом глицина 219 и гидроксилом 3 глюкозной половины дисахарида (Lis and Sharon 1998).

Хотя лектин из Brosimum *gaudichaudii* относится к семейству *Moraceae, он* не показал такой же специфичности по сравнению с растениями этого семейства. Тот факт, что этот лектин является исключением в семействе, связываясь с лактозой, является важной причиной для его дальнейшего изучения.

4.3 ВЛИЯНИЕ ЭДТА И ДВУХВАЛЕНТНЫХ МЕТАЛЛОВ НА ГЕМАГГЛЮТИНИРУЮЩУЮ АКТИВНОСТЬ

Диализные тесты лектина *Brosimum gaudichaudii* (бросимина) против ЭДТА были проведены в связи с тем, что ЭДТА является хелатирующим агентом, связывающим различные ионы, в том числе тяжелые металлы. Комплексообразование - это электростатическое притяжение между ионом и хелатирующим агентом, так что перенос электронов между ними не происходит. Если гемагглютинирующая активность иектина зависит от таких металлов, как кальций и марганец, то при диализе с ЭДТА он комплексируется с металлами и частично или полностью лишает лектин активности. Однако активность может быть восстановлена добавлением CaCl2 и MnCl2.

Результаты показали, что деметаллизация не влияет на гемагглютинирующую активность бросимина. Результаты также показали, что присутствие CaCl2 и MnCl2 не влияет на гемагглютинирующую активность по сравнению с активностью лектина, предварительно не диализованного с ЭДТА, что позволяет предположить, что исследуемый лектин не является металлопротеином, т.е. не зависит от двухвалентных катионов для проявления своей активности.

Поведение бросимина было сходно с поведением других лектинов из семейства *Moraceae,* таких как лектин из *Artocarpus incisa,* а также лактозосвязывающих лектинов, например, из гриба *Agrocybe* aegerita, которые не являются металлопротеинами, зависящими от кальция и марганца для осуществления своего действия.

4.4 ОПРЕДЕЛЕНИЕ СТЕПЕНИ УДАЛЕНИЯ ЛАКТОЗЫ ИЗ СЫРОГО ЭКСТРАКТА

DE *Brosimum gaudichaudii*

Результаты этого теста показали, что ЕВ способствовал удалению 40,8% лактозы, что составило 4,9 мкг на 50 мкл ЕВ.

4.5 ГЕЛЬ-ФИЛЬТРАЦИОННАЯ ХРОМАТОГРАФИЯ

Лектин, выделенный из *B. gaudichaudii,* был очищен методом последовательной хроматографии с использованием колонок для исключения размеров. Материал, помещенный в колонку Sephadex G-

75, показал хроматограмму с двумя различными белковыми пиками (PI и PII), где только первый элюированный пик (PI) проявлял гемагглютинирующую активность (рис. 7a). Этот пик был помещен в колонку Sephadex G-50 (рис. 7b), пробирки с гемагглютинирующей активностью были объединены, и выделение лектина было подтверждено электрофорезом по белковой картине.

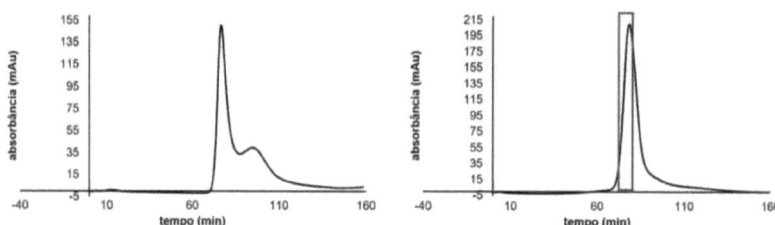

Рисунок 7. Хроматография лектина *B.gaudichaudii* на колонках (а) Sephadex G-75 и (б) Sephadex G-50. Красной меткой отмечена область с гемагглютинирующей активностью.

Концентрация белка и результаты гемагглютинирующей активности для каждого этапа очистки приведены в таблице 4. После всего процесса очистки выход белка составил 10 %, при этом конечная степень очистки белка составила 34 раза.

Таблица 4. Очистка лектина *Brosimun gaudichaudii*.

	Сырой экстракт	Шепадекс G-75	Шепадекс G-50
Общий белок			
(мг г$^{-1}$ муки)	407,0	150,3	81,2
Общая гемагглютинирующая активность			
(HU мл)$^{-1}$	20560	10280	2056
Гемагглютинирующая			

активность

удельный (HU мг$^{-1}$ белка)	505,2	3077,8	17133,3
Выход (%)	100	50	10
Фактор очистки	1	6,1	33,9

4.6 ЭЛЕКТРОФОРЕТИЧЕСКИЙ ПРОФИЛЬ

Электрофоретические профили неочищенного экстракта и пики, полученные на хроматограммах, показаны на рисунке 8. Как видно, сырой экстракт показал несколько полос белка между 52 кДа и 17 кДа. После гель-хроматографии на сефадексе G-75 некоторые из высокомолекулярных полос исчезли, но все еще можно было увидеть 8 хорошо выраженных полос между 31 кДа и 17 кДа. Очистка брозимина была достигнута только при пропускании пика I через сефадекс G-50, что привело к появлению двух полос около 25 и 31 кДа.

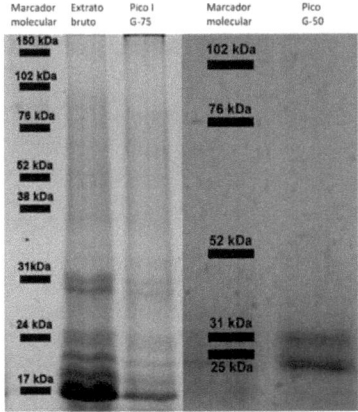

Рисунок 8. Анализ лектина, выделенного из *B. gaudichaudii,* на SDS-PAGE (12%). Колонки 1 и 4: маркеры молекулярной массы; колонка 2: неочищенный экстракт; колонка 3: пик I, полученный на сефадексе G-75; и колонка 5: пик, полученный на сефадексе G-50.

4.71 МОБИЛИЗАЦИЯ ЛЕКТИНА ИЗ *БРОСИМА ГАУДИИЛА* (БРОСИМИНА)

Результаты иммобилизации брозимина на различных опорах показали, что PANIG является наиболее эффективной опорой, при этом удаление лактозы составило 37,5% при использовании системы PANIG-брозимин. Для двух других композитов, POS-PANIG-брозимин и POS-PVA-PANIG-брозимин, удаление лактозы составило 11,4 % и 29,6 %, соответственно. На основе этих результатов были оптимизированы условия иммобилизации брозимина в PANIG с помощью центрального планирования композиции.

4.8 ОПТИМИЗАЦИЯ ИММОБИЛИЗАЦИИ БРОЗИМИНА В ПАНИГЕ

Результаты испытаний по оптимизации иммобилизации брозимина на PANIG представлены в таблице 5. Эффективность иммобилизации оценивалась путем анализа удаления лактозы.

Результаты многомерного анализа (ANOVA) показали, что только линейный и квадратичный члены для концентрации PANIG (x_i) влияли на эффективность иммобилизации ($p<0,05$). Линейный член для концентрации (x_i) отрицательно влиял на иммобилизацию, в то время как квадратичный член (x_1^2) оказывал положительное влияние на ответ.

Регрессионный анализ показал адекватное соответствие экспериментальных значений полиномиальной модели второго порядка в зависимости от значимых факторов ($p<0,05$). В результате была получена математическая модель, описывающая корреляцию между параметрами реакции и эффективностью иммобилизации следующим уравнением:

Удаление лактозы (%) = 27,61 + 11,52X_1 - 9,01X2 ($r·2=0,81$)

где X1 обозначает количество PANIG. Используя это уравнение, был построен трехмерный график (Рисунок 9). Поверхность отклика показала общую криволинейную зависимость, при этом максимальное удаление лактозы наблюдалось при использовании 20 мг PANIG.

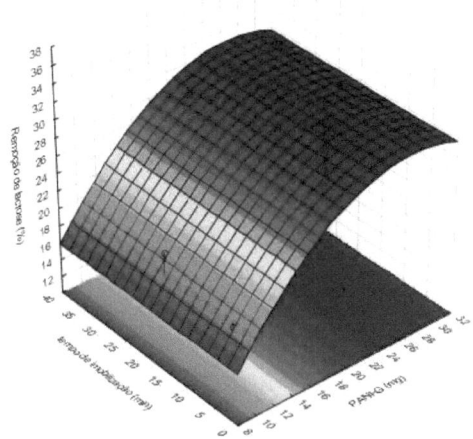

Рисунок 9. График поверхности отклика для удаления лактозы в зависимости от времени иммобилизации (мин) и количества PaNiG (мг).

Для достижения наилучших условий иммобилизации брозимина использовали функцию желательности. Желательность - это метод оптимизации, который объединяет все переменные в одну объективную функцию, которая представляет собой отношение всех ответов, полученных в ходе оптимизации (Lima, Batista et al. 2015). После математической оптимизации, основанной на наибольшей желательности, условия иммобилизации были определены как 25 мг PANIG и 5 минут реакции (d=0,86). Для подтверждения этого прогноза были проведены эксперименты в трех экземплярах. В результате удаление лактозы составило 46,3 % (± 0,92), что подтверждает предсказание модели (45,79 %).

1.9 УДАЛЕНИЕ ЛАКТОЗЫ ИЗ БЫЧЬЕГО МОЛОКА

В последние годы безлактозное молоко стало популярным во многих странах, поскольку значительное число людей страдает непереносимостью лактозы или галактоземией (Morlok, Morlok et al. 2014).

Учитывая, что интерес потребителей к таким продуктам постоянно растет, мы оценили эффективность комплекса PANIG-брозимин в удалении лактозы из обезжиренного молока.

Результаты показали, что система PANIG-брозимин может эффективно использоваться в качестве стационарной фазы для биоаффинной хроматографии: при использовании 25 мг PANIG-брозимина удаление лактозы составило 47 % (± 1,03). Полное удаление лактозы было достигнуто при увеличении количества PANIG-брозимина до 50 мг или даже при повторном хроматографировании молока.

По сравнению с ферментативным гидролизом, удаление лактозы с помощью комплекса PANIG-брозимин является более выгодным, поскольку удаляется весь дисахарид, избегая присутствия моносахаридов, глюкозы и галактозы, которые впоследствии должны быть удалены для потребления пациентами с галактоземией. Кроме того, учитывая масштабность процесса, использование последовательных реакторов, содержащих PANIG-лектиновый комплекс, может обеспечить высокий уровень удаления лактозы, позволяя получить продукт, соответствующий требованиям, предъявляемым к употреблению людьми с непереносимостью лактозы и галактозы.

4.10 ПОВТОРНОЕ ИСПОЛЬЗОВАНИЕ КОМПЛЕКСА ПАНИГ-БРОЗИМИН

Эффективность комплекса PANIG-брозимин была оценена путем многократного использования системы для удаления лактозы из молока. Результаты показали, что эта система сохранила свою способность удалять лактозу после 3 циклов повторного использования. Кроме того, нагревание комплекса PANIG-брозимин перед первым использованием значительно повышало его эффективность связывания с лактозой: в первом цикле наблюдалось 96 % удаления лактозы. В результате нагретая система смогла эффективно удалить лактозу в течение 4 циклов хроматографии. Этот результат можно объяснить перегрузкой лектина во время иммобилизации, вызывающей белок-белковые взаимодействия, что привело к пространственному препятствию и, как следствие, к снижению способности удалять лактозу. Нагревание системы привело к диссоциации этих белковых агрегатов, обнажив реактивные участки, способные связываться с лактозой.

5 Выводы

В данном исследовании сообщается о разработке биоаффинной колонки с использованием лактозосвязывающего лектина (бросимина) из семян *Brosimum gaudichaudii,* иммобилизованного в полианилин. Лектин был очищен с помощью последовательной размерно-эксклюзионной хроматографии. Лектин показал две полосы на геле SDS-PAGE, первая из которых была близка к 25 кДа, а вторая - около 31 кДа, что свидетельствует о димерной структурной организации. Лучшей опорой для иммобилизации бросимина оказался глутаральдегид-модифицированный полианилин (PANIG). Наилучшие результаты иммобилизации были получены при использовании 25 мг PANIG и времени иммобилизации 5 мин. реакции. В этих условиях комплекс PANIG-бросимин смог удалить 46,3 % лактозы. Кроме того, испытания с обезжиренным молоком показали возможность полного удаления лактозы, что говорит о перспективности данного материала в качестве альтернативы для получения безлактозного молока путем разделения методом биоаффинной хроматографии.

6 БИБЛИОГРАФИЧЕСКИХ ССЫЛОК

Адхикари, К., Л. М. Дули, Э. Чамберс-IV и Н. Bhumiratana (2010). "Сенсорные характеристики коммерческого безлактозного молока, произведенного в Соединенных Штатах". <u>LWT - Food Science and Technology</u> **43**: 113-118.

Аской, С., Х. Тумтюрк и Н. Хасирчи (1998). "Стабильность α-амилазы, иммобилизованной на поли(метилметакрилат-акриловая кислота) микросферах". <u>Журнал биотехнологии</u> **60**: 37-46.

Бернфельд, П. (1955). "α и β-амилазы". <u>Methods in Enzymology</u> **1**: 149-158.

Брэдфорд, М. М. (1976). "Быстрый и чувствительный метод количественного определения микрограммовых количеств белка, использующий принцип связывания белка с красителем". <u>Аналитическая биохимия</u> **72**: 680-685.

Браун, С., С. Раппопорт, Р. Зусман, Д. Авнир и М. Оттоленги (2007). "Биохимически активные золь-гель стекла: улавливание ферментов". <u>Materials Letters</u> **61**: 2843-2846.

Карамори, С. С., Ф. Н. Фариа, М. П. Виана, К. Ф. Фернандеш и Л. Б. Карвальо-Жуньор (2011). "Иммобилизация трипсина на кубиках композита поливиниловый спирт-глутаральдегид/полианилин". <u>Material Science and Engineering C</u> **31**: 252-257.

Карамори, С. С. и К. Ф. Фернандеш (2004). "Ковалентная иммобилизация пероксидазы хрена на поли(этилентерефталате)-поли(анилине) композите". <u>Process Biochemistry</u> **39**: 883-888.

Карамори, С. С., К. Ф. Фернандеш и Л. Б. Карвальо-Юниор (2012). "Иммобилизованная пероксидаза хрена на дике из поливинилового спирта-глутаральдегида, покрытого полианилин". <u>The Scientific World Journal</u> **2012**: 18.

Карраско-Кастилья, Х., А. Х. Эрнандес-Альварес, К. Хименес-Мартинес, К. Хасинто-Эрнандес, М. Алаиз, Х. Жирон-Калье, Х. Виока и Г. Давила-Ортис (2012). "Антиоксидантная и металлохелатирующая активность *Phaseolus vulgaris* L. var.

Изоляты белка джамапа, гидролизаты фазеолина и лектина". <u>Пищевая химия</u> 131: 1157-1164.

Carvalho-Jr, L. B., A. M. Araujo, A. M. P. Almeida и W. M. Azevedo (1996). "Использование дисков с антигенным покрытием из поливинилового спирта и глутаральдегида для обнаружения чумы с помощью лазерной индуцированной флуоресценции". <u>Sensors and Actuators B: Chemical</u> 35-36: 427-430.

Чибата, И., Т. Тоса, Т. Сато и Т. Мори (1978). <u>Иммобилизованные ферменты: исследования и разработки</u>. Нью-Йорк, Джон Уайли и Сыновья.

CONAB (2017). Conjuntura Mensal Especial. Национальная компания по снабжению (Бразилия): 1-15.

Дамодаран, С. (1997). Пищевые белки: обзор. <u>Пищевые белки и их применение</u>. С. Дамодаран и А. Параф. Нью-Йорк, Марсель Деккер: 1-24.

Датта, Д., Г. Поленц, М. Шульте, М. Кайзер, Ф. М. Гойколеа, Й. Мютинг, М. Морманн и М. Дж. Свами (2016). "Физико-химические характеристики и первичная структура аффинно очищенного a-D-галактозоспецифичного, связанного с джакалином лектина из латекса шелковицы (*Morus indica*)". <u>Archives of Biochemistry and Biophysics</u> 609: 59-68.

Фаэдо, Р., В. Б. Бриао, С. Кастольди, Л. Джирарделли и А. Милани (2013). "Получение молока с низким содержанием лактозы с помощью процессов мембранного разделения, связанных с ферментативным гидролизом". <u>Журнал CIATEC</u> **3**: 44-54.

Фернандеш, К. Ф., К. С. Лима и Ф. М. Лопес (2010). "Методы иммобилизации ферментов". <u>Revista Processos Quimicos</u> **2**: 53-53.

Фернандеш, К. Ф., К. С. Лима, Х. Пиньо и К. Х. Коллинз (2003). "Иммобилизация пероксидазы хрена на полианилиновые полимеры". <u>Process Biochemistry</u> **38**: 1379-1384.

Гардерс, Ж., И. Домарт-Кулон, А. Мари, Б. Хамер, Р. Батель, В. Э. Г. Мюллер и М. Л. Бургет-Кондраки (2016). "Очистка и частичная характеристика лектинового белкового комплекса, клатрилектина, из известковой губки *Clathrina clathrus*". <u>Comparative Biochemistry and Physiology, Part B</u> **200**: 1727.

Хань, К. Х., К. Х. Лю, Т. Б. Нг и Х. Х. Ванг (2005). "Новый гомодимерный лактозосвязывающий лектин из съедобного раздвоенного жаброго лекарственного гриба *Schizophyllum commune*". <u>Биохимические   и биофизические исследования</u>

<u>Communications</u> **336**: 252-257.

Кабир, С. (1995). "Выделение и характеристика лектина Jacalin (*Artocarpus heterophyllus* (Jackfruit) lectin) на основе его зарядовых свойств". <u>Международный журнал биохимии и клеточной биологии</u> **27**: 147-156.

Канг, Г., М. Дж. Ким и Дж. М. Ким (1997). "Иммобилизация термостабильной амилазы из *Bacillus stearothermophilus* для непрерывного производства разветвленных олигосахаридов". <u>Journal of Agricultural and Food Chemistry</u> **45**: 4168-4172. Кеннеди, Дж. Ф. и К. А. Уайт (1985). Принципы иммобилизации ферментов. <u>Справочник по биотехнологии ферментов</u>. A. Wiseman. Нью-Йорк, John Wiley and Sons: 147-207.

Лаеммли, У. К. (1970). "Расщепление структурных белков во время сборки головки бактериофага T 4". Nature 227: 680-685.

Ли, Б., 3. Ванг, С. Ли, В. Донелан, Х. Ванг, Т. Цуй и Д. Танг (2013). "Приготовление безлактозного пастеризованного молока с использованием рекомбинантной термостабильной β-глюкозидазы из *Pyrococcus furiosus*". BMC Biotechnology 13: 1-10.

Лима, К. С., К. А. Батиста, А. Г. Родригес, Ж. Р. Соуза и К. Ф. Фернандеш (2015). "Фоторазложение и удаление цвета из реального образца текстильных сточных вод с помощью гетерогенного фотокатализа с полипирролом". Solar Energy 114: 105-113.

Лис, Х. и Н. Шарон (1998). "Лектины: углевод-специфические белки, опосредующие клеточное распознавание". Chemical Reviews 98: 637-674.

Лю, К., Х. Чжао, X. C. Xu, L. R. Li, Y. H. Liu, S. D. Zhong and J. K. Bao (2008). "Гемагглютинирующая активность и конформация лактозосвязывающего лектина из гриба *Agrocybe cylindracea*". Международный журнал биологических макромолекул 42: 138-144.

MAPA (2017). Министерство сельского хозяйства и животноводства.

Медейрос, Д. С., Т. Л. Медейрос, Ж. К. К. Рибейро, Н. К. В. Монтейро, Л. Миглиоло, А. Ф. Учоа, И. М. Васконселос, А. С. Оливейра, М. П. Салес и Э. А. Сантос (2010). "Лактозоспецифичный лектин из губки *Cinachyrella apion*: очистка, характеристика, выравнивание N-концевых последовательностей и агглютинирующая активность в отношении промастигот Leishmania". Сравнительная биохимия и физиология, часть B 155: 211-216.

Миранда-Сантос, И. К. Ф., М. Дельгадо, П. В. Бонини, М. М. Бунн-Морено и А. Кампос-Нето (1991). "Неочищенный экстракт *Artocarpus integrifolia* содержит два лектина с различной биологической активностью". Immunology Letters 31: 65-72.

Морейра, Р. А., К. К. Кастело-Бранко, А. К. Монтейро, Р. О. Таварес и Л. М. Белтрамини (1998). "Изоляция и частичная характеристика лектина из семян *Artocarpus incisa* L.". Phytochemistry 47: 1183-1188.

Морейра, Р. А. и Дж. К. Перроне (1977).   " Очистка и частичная характеристика лектина из *Phaseolus vulgaris*". Физиология растений 59: 783787.

Морлок, Г. Э., Л. П. Morlok и С. Lemo (2014). "Оптимизированный анализ безлактозных молочных продуктов". Journal of Chromatography A 1324: 215-223.

Мюллер, В. Е. Г., Й. Конрад, К. Шродер, Р. К. Зан, Б. Курелец, К. Дрессбах и Г. Уленбрук (1983). "Характеристика тримерного, самораспознающего лектина I *Geodia cydonium*". European Journal of Biochemistry 133: 263-267.

Натх, А., Б. Верашто, С. Басак, А. Корис, З. Ковач и Г. Ватай (2016). "Синтез нутрицевтиков на основе лактозы из молочных отходов сыворотки: обзор". Food and Bioprocess Technology 9: 16-48.

Невес, М. Л. П., Н. Феррейра, С. М. С. Сила и Ж. М. Араужо (2002). "Анализ для обнаружения бергаптена в коре и стебле Brosimum gaudichaudii через производство меланина в актиномицетах". Revista Brasileira de Farmacognosia 12: 53-54.

Peumans, W. J. и W. J. N. Van-Damme (1995). "Лектины как защитные белки растений". Физиология растений 109: 347-352.

Пино, Н., Ж. Л. Пуссе, Ж. Л. Преуд'Хомм и П. Окутюрье (1990). "Структурное и функциональное сходство лектина семян хлебного дерева и жакалина". Молекулярная иммунология 27: 237-240.

Пинедо, М., Ф. Ортс, А. О. Карвальо, М. Регенте, Ж. Р. Соарес, В. М. Гомес и Л. Канал (2015). "Молекулярная характеристика Helja, внеклеточного белка, связанного с жакалином, из *Helianthus annuus*:

понимание взаимосвязи этого белка с нетрадиционно секретируемыми лектинами". Journal of Plant Physiology **183**: 144-153.

Поцетти, Г. Л. (2005). "*Brosimun gaudichaudii* Trecul (Moraceae): от растения к лекарству". Journal of Basic and Applied Pharmaceutical Sciences **26**: 159166.

Пратап, Дж. В., Дж. Арочиа, П. Г. Рани, К. Секар, А. Суролиа и М. Виджаян (2002). "Кристаллические структуры артокарпина, лектина Moraceae с маннозной специфичностью, и его комплекса с метил-α-D-маннозой: влияние на формирование углеводной специфичности". Journal of Molecular Biology **317**: 237-247.

Рахман, М. А., С. А. Karsani, I. Othman, P. S. A. Rahman и O. H. Hashim (2002). "Галактозосвязывающий лектин из семян чампедака (*Artocarpus integer*): последовательности его субъединиц и взаимодействие с О-гликозилированными гликопротеинами сыворотки крови человека". Biochemical and Biophysical Research Communications **295**: 1007-1013.

Рэй, А., А. Ф. Рихтер и А. Г. Макдиармид (1989). "Полианилин: протонирование/депротонирование аминных и иминных участков". Synthetic Metals **29**: 151 - 156.

Руис-Матуте, А. И., М. Корто-Мартинес, А. Монтилья, А. Олано, П. Копови и Н. Corzo (2012). "Присутствие моно-, ди- и галактоолигосахаридов в коммерческих безлактозных молочных продуктах УВТ". Journal of Food Composition and Analysis **28**: 164-169.

Сампайо, А. Х., Д. Дж. Роджерс, К. Дж. Барруэлл, С. Сакер-Сампайо, Ф. Х. Ф. Коста и М. В. Рамос (1998). "Новая процедура выделения и дальнейшая характеристика лектина из красной морской водоросли *Ptilota serrata*". Journal of Applied Phycology **10**: 539-546.

Сильва, А. М., Ж. К. С. Сильва, Л. К. М. Сильва, А. Р. Н. Оливейра и Д. М. Ф. Моура (2017). "Конъюнктура молочного животноводства в

Бразилии". Nutritime 14: 4954-4958.

Сингх, Р. С., А. К. Валия, Дж. С. Кхаттар, Д. П. Singh and J. F. Kennedy (2017). "Характеристики цианобактериальных лектинов и их роль в качестве противовирусных агентов". International Jounal of Biological Macromolecules 102: 475-496.

Соуза, М. А., Ф. Амансио-Перейра, К. Р. Б. Кардосо, А. Г. Сильва, Е. Г. Сильва, Л. Р. Андраде, Ж. Д. О. Пена, Х. Ланза и С. Р. Афонсо-Кардосо (2005). "Изоляция и частичная характеристика D-галактозосвязывающего лектина из латекса *Synadenium carinatum*". Brazilian Archives of Biology and Technology 48: 705-716.

Судса-ард, К., К. Киджбончу, В. Чавасит, Р. Чаунчайякул, А. К. Х. Nio и J. K. W. Lee (2014). "Безлактозное молоко продлило способность к выносливости у азиатских мужчин с непереносимостью лактозы". Journal of the International Society of Sports Nutrition 11: 1-6.

Тимсон, Д. Дж. (2016). "Молекулярная основа галактоземии - прошлое, настоящее и будущее". Gene 589: 133-141.

Треван, М. Д. (1980). Иммобилизованные ферменты: введение и применение в биотехнологии. Великобритания, John Wiley & Sons.

Веласкес, Х., М. Х. Кардосо, Г. Абрантес, Б. Е. Фрилинг, О. Л. Франко и Л. Миглиоло (2017). "Спасение ботанических инсектицидов: биоинспирация для новых ниш и потребностей". Биохимия и физиология пестицидов.

Виейра, Д. К., Л. Н. Лима, А. А. Мендес, В. С. Адриано, Р. К. Джордано, Р. Л. К. Джордано и П. В. Тардиоли (2013). "Гидролиз лактозы в цельном молоке, катализируемый b-галактозидазой из *Kluyveromyces fragilis*, иммобилизованной на матрице на основе хитозана". Biochemical Engineering Journal 81: 54-64.

Вилегас, В. и Г. Л. Позетти (1993). "Кумарины из *Brosimum gaudichaudii*".

Journal of Natural Products 56: 416-417.

Ваттиау, М. А. (2013). Состав и питательная ценность молока. Основы молочного скотоводства. U. o. W.-M. I. B. p. P. e. D. d. P. L. International.

Ву, Дж., Дж. Ванг, С. Ванг и П. Рао (2016). "*Лунатин*, новый лектин с противогрибковой и антипролиферативной биоактивностью из *Phaseolus lunatus billb*". International Jounal of Biological Macromolecules 89: 717-724.

Printed by Books on Demand GmbH, Norderstedt / Germany